AF827184

AKTENSTÜCKE

IN DER ANGELEGENHEIT

DES

PRIVATDOCENTEN DR. DÜHRING

VERÖFFENTLICHT

DURCH DIE

PHILOSOPHISCHE FAKULTÄT

DER KÖNIGL. UNIVERSITÄT ZU BERLIN.

BERLIN.
DRUCK UND VERLAG VON G. REIMER.
1877.

Berlin, den 11. Juli 1877.

Ministerium
der geistlichen, Unterrichts- und
Medicinal-Angelegenheiten.
J. No. 2245. B.

Die philosophische Fakultät hat in ihrem Berichte vom 10. d. M. meine Zustimmung zur Veröffentlichung der Aktenstücke beantragt, welche in der Angelegenheit des bisherigen Privatdocenten Dr. Dühring entstanden sind.

Bei Prüfung dieses Antrages konnte ich mir nicht verhehlen, dass es der Natur eines disciplinaren Verfahrens, welches nach den bestehenden Vorschriften nicht öffentlich gepflogen worden ist, widerspreche, die Akten über dieses Verfahren dennoch der Oeffentlichkeit zu übergeben.

Ebensowenig vermochte ich mich der Ansicht zu entschlagen, dass kaum alle Verfasser der in Betracht kommenden Schriftstücke bei Abfassung derselben die Möglichkeit der Veröffentlichung ihrer Arbeit in den Kreis ihrer Erwägung gezogen haben werden. Diese Gesichtspunkte würden in anderen Fällen für meine Entschliessung Ausschlag gebend sein. Unter den vorliegenden besonderen Umständen kann ich dieselben nicht für entscheidend erachten. Bei der lebhaften Theilnahme, welche die Angelegenheit des Dr. Dühring in immer weiteren Kreisen gefunden hat, und namentlich im Hinblicke auf die Art, wie diese Theilnahme rege gemacht und bekundet worden, ist auch nach meiner Ueberzeugung die authentische Veröffentlichung des gesammten Aktenmaterials nicht blos durch das Interesse der Fakultät, sondern durch das öffentliche Interesse überhaupt geboten.

Indem ich daher der Fakultät die beantragte Ermächtigung hiermit ertheile, veranlasse ich dieselbe zugleich, diese Verfügung an der Spitze ihrer Veröffentlichung aufzunehmen und derselben demnächst meine Verfügung an die Fakultät vom 15. März 1875 — U. I. 1058 — folgen zu lassen.

Die hier noch zurückgebliebenen Schriftstücke und Bücher folgen bei.

(gez.) Falk.

An
die philosophische Fakultät der
Friedrich-Wilhelms-Universität
zu Berlin.

Diese Verfügung erfolgte, nachdem die philosophische Fakultät sich in nachfolgendem Schreiben an das vorgeordnete Ministerium gewandt hatte.

Berlin, den 10. Juli 1877.

Ew. Excellenz ist der ehrerbietigst Unterzeichnete von der philosophischen Fakultät beauftragt um die Erlaubniss zur Veröffentlichung nachfolgender die Dühring'sche Angelegenheit betreffender Aktenstücke zu ersuchen.

I. Protokoll vom 23. März 1875 über die dem Dr. Dühring von dem damaligen Dekan der philosophischen Fakultät ertheilte Rüge.

II. Schreiben der Fakultät vom 12. Mai 1877 an den Dr. Dühring.

III. Vertheidigungsschrift des Dr. Dühring vom 27. Mai 1877.

IV. Bericht der Fakultät an Ew. Excellenz vom 8. Juni 1877.

V. Nachtrag zu No. IV. vom 15. Juni 1877 nebst

VI. Eingabe des Herrn Professor Helmholtz an die Fakultät.

VII. Ew. Excellenz Erlass vom 7. Juli 1877 an die Fakultät, nebst

VIII. Ew. Excellenz Erlass an den Dr. Dühring.

Der Wunsch der Fakultät geht dahin, diese Aktenstücke in Form einer Broschüre zu veröffentlichen, und sie würde glauben den Zweck einer wirksamen Belehrung wenigstens derer, welche einer solchen überhaupt zugänglich sind, am besten zu erreichen, wenn sie den Aktenstücken weiter nichts als ganz kurze, sich jedes Urtheils enthaltende, nur das zum Verständniss Unentbehrliche bietende Bemerkungen hinzufügte. Die oben mit III. und mit VI. bezeichneten Stücke sind noch in Ew. Excellenz Händen und die Fakultät besitzt keine Abschriften derselben; sie muss also, wenn Ew. Excellenz die beabsichtigte Publikation genehmigen wollen, sich die Originale oder Abschriften derselben zurückerbitten, ebenso die drei Bücher, welche den Fakultätsberichten vom 8. und vom 15. Juni 1877 beigelegt waren.

Da die Fakultät gern je eher je lieber diejenigen, welchen

an der Kenntniss des wirklichen Sachverhalts gelegen ist, dazu zu gelangen in Stand setzen möchte, würde sie Ew. Excellenz sich zu besonderem Danke verpflichtet fühlen, wenn Ew. Excellenz sie recht bald darüber bescheiden wollten, ob Sie die Veröffentlichung der Dokumente gestatten.

Im Auftrage der philosophischen Fakultät der Königlichen Friedrich-Wilhelms-Universität zu Berlin

Der Dekan
(gez.) Tobler.

An
den Königlichen Staatsminister und Minister
der geistlichen, Unterrichts- und Medicinal-
Angelegenheiten
Herrn Dr. Falk
Excellenz
hierselbst.

Unter dem 8. Januar 1875 ging der philosophischen Fakultät von Seiten des vorgeordneten Königlichen Ministeriums ein Erlass zu, durch den ihr der Auftrag ertheilt wurde, „darüber in Berathung zu treten, ob gegen den Privatdocenten Dr. Dühring wegen der Art seines öffentlichen Auftretens gegen den Professor Dr. Wagner und insbesondere wegen der groben Anstössigkeit seiner in dem zweiten der übersandten Blätter enthaltenen Erwiderung auf die vorhergegangene Erklärung des p. Wagner, Seitens der Fakultät gemäss §. 52 Abs. 2 ihrer Statuten vom 29. Januar 1838 einzuschreiten, event. seine Remotion zu beantragen sein wird".

Nachdem die Fakultät in Ausführung dieses Auftrags den Dr. Dühring zu einer schriftlichen Erklärung aufgefordert und dieselbe nebst einem begleitenden Bericht dem Königlichen Ministerium vorgelegt hatte, erging an sie folgender Erlass.

I a.

Berlin, den 15. März 1875.

Ministerium
der geistlichen, Unterrichts- und Medicinal-Angelegenheiten.
J. Nr. 1058, U. I.

Im Verfolg des auf meine Aufforderung vom 5. Januar d. J. erstatteten Berichts vom 11. v. Mts. habe ich dem ordentlichen Professor Dr. Wagner eröffnet, dass ich mich genöthigt sähe zu erwägen, ob die von ihm in seiner Vorlesung vom 1. Dezember v. J. und in der Berliner Börsenzeitung vom 8. dess. Monats abgegebenen Erklärungen gegen den Privatdocenten Dr. Dühring unter §. 2. des Gesetzes betreffend die Dienstvergehen der nicht richterlichen Beamten vom 21. Juli 1852 fielen, und habe ihm unter Bezugnahme auf seine der Fakultät eingereichten Auslassungen vom 4. u. bez. 13. v. M. anheimgestellt, mir, was er zu seiner Rechtfertigung noch weiter anzuführen wünsche, mitzutheilen. Nachdem ich sodann von ihm eine weitere Vertheidigungsschrift erhalten, hat mich die eingehende Prüfung der Sache zu der Ueberzeugung geführt, dass, wenngleich das Uebergewicht der Schuld an dem gegebenen Anstosse dem p. Dühring zur Last fällt, doch dem p. Wagner der Vorwurf, auch seinerseits nicht correct gehandelt zu haben, nicht erspart werden kann, und habe ich ihm deshalb eine disciplinarische Warnung auf Grund von §. 2 Nr. 1 und 2, §§. 15 und 18 des oben angeführten Gesetzes ertheilen müssen.

Danach erachte ich es aber auch in Uebereinstimmung mit dem eventuellen Antrage der Fakultät für angemessen, für jetzt von der Remotion des p. Dühring abzusehen, und überlasse es der Fakultät, demselben wegen des groben Verstosses, welchen er sich durch den gehässigen und beleidigenden Charakter seiner Polemik gegen den p. Wagner in der „kritischen Geschichte der Nationalökonomie und des Socialismus“, noch mehr aber durch seine allen Anstandes baare Erklärung in der Berliner Börsenzeitung vom 15. Dezember v. J. hat zu Schulden kommen lassen, durch den Herrn Dekan einen strengen Verweis unter Androhung unnachsichtiger Remotion im Wiederholungsfall zu ertheilen.

Die Anlagen 1. 2. 5 bis 10 des Berichts vom 11. v. M. sowie die Anlage des Berichts vom 14. desselben Monats sind wieder beigeschlossen.

(gez.) Falk.

An
die philosophische Fakultät der Königlichen Friedrich-Wilhelms-Universität
hierselbst.

I b.

Berlin, 23. März 1875.

Vor dem unterzeichneten Dekan der philosophischen Fakultät, welcher den Universitätssekretär Kanzlei-Rath Laury zu der Verhandlung beigezogen hatte, erschien auf Vorladung Privatdocent Dr. Dühring.

Der Dekan richtete an denselben folgende Worte:

„Nachdem in der über Sie verhängten Disciplinaruntersuchung eine Entscheidung des vorgeordneten Königlichen Ministeriums erfolgt ist, habe ich Ihnen auf Grund derselben, im Namen und Auftrag der philosophischen Fakultät folgendes zu eröffnen: Sie haben sich durch die Aeusserungen, welche Sie sich in der 2. Auflage Ihrer „kritischen Geschichte der Nationalökonomie“ nicht allein über Herrn Professor Wagner, sondern auch über die deutschen Universitäten und ihre Professoren im allgemeinen erlaubt haben, einer Reihe von schweren Ehrenkränkungen und wahrheitswidrigen Bezüchtigungen schuldig gemacht; und diese Ihre Verschuldung erscheint um so grösser, da sich jene Aeusserungen als ein durchaus unprovocirter und frivoler Angriff auf die Ehre eines an derselben Hochschule und in dem gleichen Fache mit Ihnen wirkenden Lehrers, und zugleich auch als ein Angriff auf die Ehre und den Frieden dieser Hochschule selbst darstellen. Sie haben in dem weiteren Verlaufe des Streites, den Sie in so unentschuldbarer Weise hervorgerufen hatten, — abgesehen von Anderem — kein Bedenken getragen, in der Berliner Börsenzeitung vom 15. Dezember v. J. mit einer Erklärung an die Oeffentlichkeit zu treten, deren grobe Unanständigkeit von einem gänzlichen Vergessen dessen zeugt, was jeder Gebildete, vor allem aber ein Vertreter der Wissenschaft und ein Lehrer der akademischen Jugend sich selbst und seiner Stellung schuldig ist. Der schwere Anstoss, den Sie durch alles dies gegeben haben, hätte Ihre sofortige Remotion vollkommen gerechtfertigt. Wenn das Königliche Ministerium trotzdem für jetzt von dieser Maassregel absieht, so haben Sie darin eine Nachsicht zu erkennen, auf welche Ihnen Ihr Verhalten keinen Rechtsanspruch gegeben hätte. Diese Nachsicht konnte Ihnen aber nur in der Erwartung gewährt werden, dass Sie fortan Ihr Talent ungetheilt dem Dienste der Wissenschaft und des akademischen Lehrberufs widmen, statt es zur Verunglimpfung Ihrer Collegen und der Anstalt, an der Sie wirken, zu missbrauchen. Indem ich diese Erwartung hier ausspreche, bin ich zugleich ermächtigt und beauftragt, Ihnen wegen der anstössigen Aeusserungen, deren Sie sich wiederholt in höchst gravirender Weise schuldig gemacht haben, einen ernsten Verweis zu ertheilen, und Ihnen zu erklären, dass jedes fernere Vorkommen ähnlicher Anstössigkeiten Ihre unnachsichtliche Remotion zur Folge haben wird."

Nachdem das Vorstehende ihm eröffnet war, erklärte Dr. Dühring, dass er sich durch diesen ihm ertheilten Verweis nach Inhalt und Form beschwert finde und sich die Betretung weiterer Instanzen vorbehalte*), übrigens die Thatsache, dass ihm das Vorstehende eröffnet worden sei, durch seine Unterschrift anerkenne.

(gez.) Dühring.

A. u. s.

Zeller. Laury,
Kanzlei-Rath und
Universitäts-Sekretär.

II.

Berlin, den 12. Mai 1877.

Da Sie Sich nach der Ihnen am 23. März 1875 im Auftrag des vorgeordneten Königlichen Ministeriums ertheilten Rüge und Verwarnung in einigen neueren Schriften Aeusserungen erlaubt haben, welche in mehr als Einer Beziehung anstössig erscheinen, fordern wir Sie auf, Sich der unterzeichneten Fakultät gegenüber bis zum 27. Mai schriftlich darüber zu erklären, wie

*) Diese Betretung ist nicht erfolgt.

Sie mit den Ihnen als Docenten an der hiesigen Universität obliegenden und Ihnen bei der obenerwähnten Gelegenheit aufs neue eingeschärften Verpflichtungen die Art vereinigen zu können glauben, in welcher Sie Sich in Ihrer Schrift „der Weg zur höheren Berufsbildung der Frauen“ (Leipzig 1877) Seite 37 bis 39 [1]) über die deutschen Universitätsprofessoren und Docenten im Ganzen und in Ihrer nach Ausweis des Lectionscatalogs öffentlichen Vorlesungen zu Grunde gelegten Schrift: „Kritische Geschichte der allgemeinen Principien der Mechanik 2. Aufl.“ (Leipzig 1877) S. 444 f. [2]), 460 [3]), 529 [4]) über Charakter und Motive mehrerer theils mit Namen genannten theils unzweideutig bezeichneten Mitglieder der hiesigen philosophischen Fakultät ausgesprochen haben.

Im Namen der philosophischen Fakultät der Königlichen Friedrich-Wilhelms-Universität zu Berlin

Der zeitige Dekan
(gez.) Tobler.

An
den Privatdocenten an der Königlichen
Universität zu Berlin
Herrn Dr. E. K. Dühring
Wohlgeboren
hierselbst
Alexandrinenstr. 112.

[1]) „Die geistige Corruption, die im Dunkel der unfreien Autoritätenwirthschaft um sich greift, ist viel intensiver als die materielle. Die Herabziehung der Wissenschaft zu einem blossen Werkzeug der zünftlerischen Nahrungs- und Versorgungsinteressen ist denn doch noch etwas Anderes, als die Dienstbarmachung eines gemeinen Gewerbes für diesen, ihm ja ganz naheliegenden und gewissermaassen auch natürlichen Hauptzweck. So sind denn seit dem 12. Jahrhundert die Universitäten als geistige, ja zum Theil auch geistliche Zünfte nach einer kurzen Halbblüthe, die in bedeutenden sachlichen Anregungen und in ursprünglich bisweilen auch freieren Verfassungen ihren Grund hatte, in den modernen Jahrhunderten überall immer mehr verfallen und haben den Fortschritt der Wissenschaften wesentlich gehemmt, die untergeordnete Vermittlung des anderweitig in freierer Weise Gewonnenen aber meist recht schlecht oder gar nicht besorgt. Schon von Adam Smith wurden sie für diejenigen Stätten erklärt, in denen die verrottetsten Vorurtheile noch hausen, die bereits aus allen Ecken der Welt vertrieben sind. Doch ich kann mich hier nicht auf eine geschichtlich weit ausholende Darlegung einlassen. Das Zunftgerüst und seine Wirkungen“ u. s. w. Die Fortsetzung s. unter VIII, S. 31.

[2]) „Vollends komisch hat es sich aber ausgenommen, dass die blosse und noch dazu nicht einmal originale sondern triviale und fehlerhaft ausgefallene Betheiligung an derartigen vagen Discussionen mit einer Auffindung des Gedankens und mit der Entdeckung selbst verwechselt werden konnte." „Auf eine solche Betheiligung lief beispielsweise Herrn Helmholtz' Abhandlung „Ueber die Erhaltung der Kraft" (Berlin 1847) hinaus, in welcher die Aequivalentzahlen Joules berührt wurden und sich trotz der Erörterung mehrerer wenig erheblicher Arbeiten doch R. Mayer nicht erwähnt fand." „In der That ist der Aerger und Neid des Professorenthums Angesichts eines sogenannten Dilettanten, der im 19. Jahrhundert die Hauptthatsache der Physik an das Licht gefördert hat, für den, welcher die Eigenheiten der Species genauer kennt, nichts Wunderbares sondern etwas Selbstverständliches."

[3]) „Es überrascht nicht, dass der unklar ein wenig philosophelnde, physiologische Physikprofessor Herr Helmholtz sich auch in diesem Falle die Gelegenheit nicht entgehen liess, an der Discussion theilzunehmen und in einem Aufsatz „Ueber die Thatsachen, welche der Geometrie zu Grunde liegen" (Nachrichten von der K. Ges. der Wissenschaften zu Göttingen, Juni 1868) den pikanten Widersinn beifällig zu commentiren."

[4]) „Wie übrigens die höhere Begabung auch im Bereich deutscher Förderung der projectivischen Geometrie alle jene Hemmungen zu erproben hatte, die wir vorher signalisirt haben, ist an der Person Steiners recht deutlich geworden. Dieser bedeutende Mathematiker, der nächst Poncelet an der neuern Geometrie den grössten Antheil hat, musste sich ungeachtet dieser Leistungen als blos ausserordentlicher und mithin ausserhalb der Fakultät belassener Professor behelfen, da die Berliner Universität für ihn keinen ordentlichen Platz übrig hatte oder vielmehr keinen übrig haben wollte; und doch hat diese Universität in ihrem ganzen bisherigen Dasein, wenn man nicht etwa den vorübergehenden Aufenthalt Dirichlets in Rechnung bringen will, in ihren ordentlichen Professuren nicht nur keinen einzigen Namen, der auch nur entfernt mit dem Steiners verglichen werden könnte, sondern sogar überhaupt keine Namen aufzuweisen gehabt, deren Klang jemals mehr als ein blosses Echo der Professur und des Einflusses derselben auf die Stellenbesetzung und sonstige Patronage gewesen wäre. Steiner war nicht der Mann gewesen, derartige Autoritätchen sonderlich zu honoriren, und auch jetzt noch haben die Erben seiner ursprünglichen Feinde nicht aufgehört, sich, so gut es gehen will, gegen die Consequenzen seines Geistes zu verschanzen. Man hat dies am besten dadurch zu bewerkstelligen geglaubt, dass man sich den Anschein gab, die neue Geometrie an die Analysis gleichsam zu annectiren, um so das Publicum glauben zu machen, man vertrete eben dasselbe, was die reinen Synthetiker treiben, und ausserdem noch weit mehr, nämlich die Macht der Analysis. In Wahrheit ist aber diese von den Analytikern beliebte Annexion in eine äusserst zerfahrene Anarchie ausgeschlagen. Sie sollte ein pfiffiges Mittel sein, das, was man nicht hatte am Aufkommen verhindern können, nun dem eigenen Monopol zu unterstellen, und sie hat doch nur gezeigt und wird fernerhin noch mehr zeigen, dass die Mischlingsproceduren nur dazu dienen können, beide Methoden zu verunstalten und eine verworrene Haltungslosigkeit vorherrschen zu lassen."

III.

An
die philosophische Fakultät hier,
zu Händen ihres zeitigen Dekans Herrn
Professor Tobler.

Der Hinweis auf eine Erinnerung an meine Pflichten als Docent durch den Verweis, zu dem die Fakultät vor zwei Jahren durch ihre vorgesetzte Behörde im Allgemeinen ermächtigt worden ist, liefert mir keinen Maassstab für die jetzt verlangte Erklärung. Eine Ausfertigung des Schriftstücks ist mir von dem damaligen Herrn Dekan Prof. Zeller verweigert worden. Ich bin daher nicht in der Lage, auch nur im Allgemeinen, geschweige Punkt für Punkt, das beurtheilen zu können, was jetzt als der Inbegriff der mir eingeschärften Docentenpflichten in den Augen der Fakultät gelten soll. Ich meinestheils erinnere mich aus der einmaligen flüchtigen Vorlesung nur, wie das Document in Ausdrücken und Formen abgefasst war, von denen betroffen zu werden mir weniger unangenehm ist, als es mir sein würde, sie selbst gebraucht zu haben. Auch hat eine derartige Ausführung des Auftrags wohl schwerlich in der Absicht der auftragenden Behörde gelegen; denn sonst wäre ich nicht unter der Hand dazu veranlasst worden, mich im Voraus darüber zu erklären, dass ich die Verweisertheilung als Austrag der Sache ohne Weiteres hinnehmen würde.

Ueberdies erinnere ich mich, dass in der damaligen Disciplinar- beziehungsweise Remotionsangelegenheit nicht blos der Privatdocent, sondern auch der Professor von der vorgesetzten Behörde eine Rüge erhalten hat; wenn nun von der Fakultät wiederum ein Disciplinar- beziehungsweise Remotionsfall gegen mich in Frage gebracht wird, so wird hiermit ebenfalls die Frage neu, ob ausser einer Schuld auf meiner Seite nicht auch eine solche auf Seiten von Mitgliedern der Universität und speciell eines Professors der Fakultät zu untersuchen sei. Gehört auch Letzteres dem Verwaltungsrechte nach nicht vor das Forum der Fakultät selbst, so dürfte es doch moralisch geboten sein, dass die Fakultät, indem sie über mein Verhalten zu urtheilen sich anschickt, selbstprüfend auch dasjenige Verhalten einzelner ihrer Mitglieder in Erwägung ziehe, ohne welches mein Gegenverhalten nicht richtig gewürdigt werden kann.

Herr Helmholtz, der sich schon seit einigen Jahren in seinen Ansprüchen auf eine Auch-Entdeckung des mechanischen Aequivalents der Wärme und auf sonstige Verdienste in dieser Sache durch meine Würdigung J. R. Mayers in meiner Mechanik nachhaltig gekreuzt fand und die Wirkungen meiner Klarstellung auf das Publicum zu empfinden begann, — Herr Helmholtz hat durch seine Frau Auguste im Vorstande des Victorialyceums meine Entfernung von demselben betreiben lassen. Ja hiermit noch nicht zufrieden, hat er, als ich meine Ehre gegen diese Entfernung in der Schrift „Der Weg etc." vertheidigt, die Unterschrift A. Helmholtz im Verein mit andern Professoren der hiesigen Universität unter Zeitungsannoncen setzen lassen, die meine schriftstellerische Ehre durch Unterstellung von absichtlichen Unwahrheiten angriffen. Das Wirken von Frau Helmholtz ist in dem fraglichen Fall, wie die Broschüre und die Lyceumsverhältnisse erkennen lassen, von demjenigen des Herrn Helmholtz nicht zu trennen. Haben ja auch schon früher Frauen von damaligen Universitätsdocirenden, wie namentlich die Frau des Aristotelikers Bonitz, gegen mich zu wirken versucht, wogegen es mir jedoch gelang, mich sogar über das mir ungünstige Verhalten des Herrn Bonitz im Vorstande mit der Leiterin des Lyceums zu verständigen. Als nun schliesslich, wie angegeben, mehrere Professoren der Universität beziehungsweise deren Frauen öffentliche Zeitungskundgebungen gegen mich veranstalteten, so war hiermit und mit der vorangegangenen Entfernung die Frage nahegelegt, was die Pflicht von Universitätsprofessoren in ihrem öffentlichen Verhalten gegen einen Docenten ihrer Universität, ja ihrer eignen Fakultät sei. Dieses Verhalten war um so schlimmer, als die Betreffenden recht wohl wussten, dass sie mir einen Theil meiner Existenz entzogen hatten und mich auch übrigens in einer Lage verletzten, in welcher eine gebührende Antwort meinerseits ohne Gefährdung meiner Universitätsstellung nicht möglich war. Es sah dies sehr nach einer Herausforderung aus, die wie im früheren Falle des

Herrn **Wagner**, einen Zeitungsscandal zur Anknüpfung einer Disciplinarsache gegen mich hätte in bester Form sofort liefern können, wenn ich nicht meine „Pflicht als Docent" nach der wie mir schien maassgebenden Auffassung bemessen und mich ohne jede Einlassung mit den mich verletzenden Professoren auf eine sachlich vernichtende Berichtigung der unwahren Behauptungen beschränkt hätte. Diese Zurückhaltung scheint mir jedoch nichts genützt zu haben; denn nun, da die beiden incriminirten Bücher seit bald $^3/_4$ Jahren, nämlich seit Michaelis vorigen Jahres vorliegen, kurz darauf die mich angreifenden Zeitungsannoncen mit der Unterschrift von fünf hiesigen Universitätsprofessoren gespielt haben, ich im vorigen Semester unbeanstandet die Vorlesungen über Naturforscher und Mathematiker nach der „Mechanik" angekündigt habe, wird jetzt diese meine Preisschrift, ein hochmathematisches Werk, der amtlich angegebene Ausgangspunkt für eine Disciplinarangelegenheit, und wird überdies auf die gleich alte Broschüre „Der Weg etc.", aber ausdrücklich nur blosser Allgemeinheiten wegen, Bezug genommen. Der Umstand, dass auch zwischen den Zeilen etwas unterstellt wird, was auf andere, mir jedoch nicht bezeichnete Mitglieder der Fakultät Bezug haben soll, belehrt mich allerdings, dass die Freiheit, auch nur in mathematischen Angelegenheiten und speciell in einer Anleitung zum Studium der Mathematik irgend etwas auf die mathematischen Sectenverhältnisse Bezügliches zu sagen, mir bis zu dem Punkte eingeschränkt wird, nicht einmal ohne Namennennung historische Verhältnisse, wie sie sich an die Rolle **Jacob Steiners** knüpften, beleuchten zu dürfen. Hätte ich an der incriminirten Stelle lebende Mitglieder der Fakultät zu nennen gehabt, so würden sie nicht, wie mir unterstellt, zwischen den Zeilen verborgen geblieben, sondern, wie Herr **Helmholtz** und Andere, zur namentlichen Erwähnung gekommen sein.

Die weite Ausdehnung und Unbemessbarkeit, von der hiernach die Pflicht eines Docenten nach der Auffassung der Fakultät betroffen wird, erinnert lebhaft an den völlig normlosen Zustand, in welchem sich derartige Disciplinarangelegenheiten bewegen. Es existirt keine positive Bestimmung, sei es in den Statuten oder sonst, wonach sich eine besondere Docentenpflicht erkennen oder gar begrenzen liesse. Es bleibt also nichts als etwa reine Willkür oder Berufung auf ebenfalls willkürlich hinstellbare Anstandsmeinungen. Ob es schicklich sei, bei Vorträgen auf ein Buch Bezug zu nehmen, in welchem einige Zeilen Kritik gegen ein Fakultätsmitglied enthalten sind, darüber möge die Fakultät, ehe sie über mich urtheilt, sich zuvor über Herrn Wagner schlüssig machen, der nach „seinem“ Rau'schen Lehrbuch liest, in welchem sich, wie man mir von verlässlicher Seite sagt, Ausfälle gegen mich befinden. Ueberdies sind die letzteren erst nach der Disciplinaraffaire von 1875 in das Buch gekommen, während ich meine Docentenpflicht so zart ausgelegt habe, seitdem den Namen des Herrn Wagner in meinen neuen Büchern und Auflagen nicht mehr zu nennen. Auch in meinen Universitätsvorträgen habe ich die in meiner damaligen Vertheidigung vom 17. Januar beziehungsweise 5. Februar 1875 gekennzeichnete Rücksichtnahme auch ferner beobachtet und habe mich hiermit selbst weit über die Grenze gebunden, die gelten müsste, wenn einem Privatdocenten überhaupt auch nur eine mässige Freiheit wissenschaftlicher Kritik innerhalb der Universität den übrigen Professoren gegenüber zustehen sollte, was freilich thatsächlich nicht der Fall ist.

Ich soll mich über Charakter und Motive von Mitgliedern der Fakultät in meiner Mechanik ausgesprochen haben. Dies glaube ich nicht einmal über den wissenschaftlichen Charakter und die wissenschaftlichen Motive eines einzigen Mitgliedes, geschweige über andere Charaktereigenschaften gethan zu haben. So etwas würde doch ganz anders ausgefallen sein, als die paar Zeilen über Herrn Helmholtz. Im Allgemeinen dagegen habe ich mich seit einer Reihe von Jahren in meinen verschiedenen systematischen und geschichtlichen Schriften um die Folgen der heutigen universitären Zunftverfassung, also um allgemeine Charaktertypen des akademischen Verhaltens allerdings wohl mehr als irgend ein anderer Schriftsteller gekümmert. Meine älteren Schriften enthielten nichts davon. Erst durch meine üblen Erfahrungen und durch die Nothwendigkeit, mich in meiner materiell ungünstigen Lage gegenüber einer Aechtung seitens der deutschen Universitäten zu wehren, ist mir jene Rolle gegen meinen Geschmack, der ausschliesslich auf ruhiges positives Arbeiten gerichtet ist, ohne andere Wahl aufgenöthigt worden. Seit dem Bericht, den die Fakultät 1866 über mich an das Ministerium erstattet hat, und in den ich durch ministerielle Vermittelung Einsicht erhalten habe, bestand nothwendigerweise eine Störung; denn die Fakultät hatte meinerseits keine Veranlassung erhalten und daher kein Recht, mich als Gegenstand der Rührung und des Mitleids darzustellen und zu entsprechender Behandlung der Königlichen Gnade zu empfehlen. Dennoch habe ich erst seit 1873, nachdem ich noch sieben Jahre die Universitätsverhältnisse geduldig blos beobachtet, und demgemäss erst seit vier Jahren den Nachweis begonnen, dass, wenn ich in erster Linie von der Berliner Universität und auf diesen Vorgang hin auch von den andern Deutschen Instituten geächtet wurde, die Schuld nicht an mir, sondern an den Universitätszuständen liegt. In diesem Nachweis bin ich noch immer zurückhaltend verfahren und habe mich wesentlich auf Allgemeinheiten beschränkt und so gut wie nichts mit Sonderthatsachen belegt. Nachdem ich also erst zehn Jahre 1863—1873 Docent gewesen und noch zuletzt in einigen Fällen des von andern Universitäten ausnahmsweise mit mir angeknüpften Verkehrs es erprobt hatte, was man mir bei meiner sonstigen Aechtung an Vorbedingungen für die Uebernahme einer Professur zumuthen zu können glaubte, — nachdem ich hiebei die Eigenschaften der Mitglieder der betreffenden Universitäten näher kennen gelernt hatte, habe ich mich über den Charakter der fraglichen Zustände völlig schlüssig gemacht. In meinen Händen sind schriftliche Verhandlungen, welche die ganze unwürdige Verschlagenheit blosstellen, mit welcher namhafte Professoren mir sectirerische wissenschaftliche Glaubensbekenntnisse in gewundener Weise zur Annahme unterstellten, um davon die Unterstützung meiner Berufung abhängig zu machen. Aber auch anderweitig habe ich in bestimmtester Weise die Fälle zu meinen allgemeinen Kennzeichnungen der Universitätszustände sammeln können, und habe demgemäss nirgend voreilig geurtheilt.

In dem Verweise von 1875 ist, soweit ich mich erinnere, etwas von Störung des Friedens der Universitäten mir unterstellt worden, und hat eine ähnliche Wendung auch als Parole gegen mich nach andern Universitäten ihren Weg gefunden. Nun ist die Beleuchtung einzelner Doctorirungsmissstände fremder Universitäten durch Herrn Mommsen nicht ganz ohne Störung des universitären Friedens abgelaufen, und die Pflicht eines geächteten Docenten dürfte doch weniger an Rücksichten gebunden sein, als die desjenigen, der in dem gewöhnlichen collegialischen Verhältniss steht. Ich, in der entgegengesetzten Lage und überdiess mit guten oder vielmehr übelen Erfahrungen über Doctorirungen der anscheinend besten Art reichhaltig ausgerüstet, habe meine Kennzeichnungen bisher so gehalten, dass der Friede der Universitäten dadurch noch nicht gestört worden ist. Ich glaube also auch hier meine Pflicht als Docent eher zu pedantisch als zu leicht genommen zu haben. Namentlich habe ich mich gehütet, mit meinen Erfahrungen in dieser Richtung etwa den Frieden der Berliner Universität zu stören.

Die incriminirten wenigen Zeilen über Herrn Helmholtz haben mit „Charakter und Motiven" nichts zu schaffen. Die Erwähnung des „unklaren Philosophelns" und der Ergreifung von „Gelegenheiten, picanten Widersinn beifällig zu commentiren", ist nichts als eine kurze Wendung wissenschaftlicher Gesammtkritik, d. h. der Ausspruch eines allgemeinen Urtheils, um eingehende Weiterungen zu sparen, die in dem Zusammenhange meines Buchs nicht lohnten. Die Nichtanerkennung einer Entdeckung oder auch nur gehörigen Benutzung des mechanischen Aequivalents der Wärme ist von mir Herrn Helmholtz gegenüber ohne jedes Eingehen auf dessen Verhalten ebenso kurz erledigt worden. Hätte ich meine Docentenpflicht nicht pedantisch streng genommen, so hätte ich ja statt dieses Nebenbei eine ernsthaft ausgiebige Beleuchtung eintreten lassen können, woran dann möglicherweise einige Störung des wissenschaftlichen Friedens der Gelehrtensphäre sich hätte knüpfen können. Bis jetzt sind mir aber nur Störungen des wissenschaftlichen Autoritätsglaubens vorgekommen, wie beispielsweise des Beauftragten einer Akademie, der die Geschichte der Physik schreiben soll und fast schon im Begriff, sie von Galilei bis auf Herrn Helmholtz ablaufen zu lassen, durch meine wenigen Bemerkungen stutzig gemacht, sich schriftlich an mich, den geächteten Docenten, um Disposition und Fingerzeige für eine Physikgeschichte wendete.

Ich bin seit 14 Jahren immer sachlich verfahren, und wissenschaftliche Personenkritik ist mir immer erst von der Gegenseite dadurch aufgenöthigt worden, dass man gegen mich nicht wissenschaftliche und loyale, sondern andere und namentlich gegen meine Existenz gerichtete Mittel in Bewegung setzte.

Letzeres ist gerade im vorigen Jahr durch das Verhalten und Auftreten von Universitätsprofessoren und speciell durch die Betheiligung des Helmholtz'schen Namens in meiner Lyceumsangelegenheit in bedeutendem Maass geschehen.

Wenn nun Herr Helmholtz nach meiner Vertreibung von der einen, unter Professorenleitung stehenden Anstalt, auch der Ausgangspunkt meiner Entfernung von der Universität wird, so mag darin Consequenz liegen, aber sicherlich nicht eine solche, die ich, sei es wissenschaftlich oder moralisch, zu vertreten haben möchte.

Wie wenig ich den Streit oder gar den Skandal, der mir gegenüber, seit ich wissenschaftlich in grösserem Maasse gelte, von verschiedenen Seiten angefacht worden ist, irgend nähre, ist daraus ersichtlich, dass ich auf literarische Angriffe gewöhnlich nicht antworte. Hieraus einen Schluss auf Schwäche zu ziehen, hiesse aber sich in meiner wissenschaftlichen Position täuschen. Ich kann jedoch nicht umhin, einigen Zusammenhang darin zu finden, dass auf eine Erklärung der Göttinger Fakultät gegen mein mechanisches Werk nunmehr seitens des Herrn Helmholtz und für denselben eine disciplinarische Widerlegung meiner Sätze folgen soll. Durch meine Entfernung von der Universität werden diese Sätze nicht aus der Wissenschaft entfernt; in seiner Rolle als Professor haben sie Herrn Helmholtz nicht gestört und werden sie ihn nicht stören. Das Uebrige ist aber Sache eines grösseren Kreises, in welchem besondere Rücksichten auf eine über das eingehaltene Maass hinausgehende Docentenpflicht nicht obwalten können, wenn nicht der Schriftsteller im Privatdocenten ersticken soll. Ich glaube daher meine Schuldigkeit gethan zu haben, indem ich ein geringes Maass wissenschaftlicher Freiheit für den Privatdocenten in Anspruch genommen und noch mit viel Zurückhaltung bethätigt habe. Auch die Universitätsmissstände, die ich schon seit 1873 und nicht erst in den drei incriminirten Seiten der fraglichen Brochüre ganz im Allgemeinen gekennzeichnet habe, werden mit meiner Beseitigung nicht selbst beseitigt, sondern nur in helleres Licht gestellt.

Berlin, den 27. Mai 1877.

(gez.) Dühring.

IV.

Berlin, den 8. Juni 1877.

Ew. Excellenz

haben durch hohen Erlass v. 5. Januar 1875 die unterzeichnete Fakultät beauftragt, darüber in Berathung zu treten, ob gegen den Privatdocenten Dr. Dühring wegen verschiedener durch öffentliche Aeusserungen von ihm begangener grober Anstössigkeiten nach §. 52 der Fakultäts-Statuten einzuschreiten sei, und in Folge des hierüber erstatteten Berichts durch Erlass vom 15. März 1875 derselben den weiteren Auftrag gegeben, Dr. Dühring durch den Dekan einen strengen Verweis, unter Androhung unnachsichtlicher Remotion im Wiederholungsfall, zu ertheilen. Diesem Auftrag ist die Fakultät nachgekommen, indem Dr. Dühring, wie aus dem abschriftlich anliegenden Protokoll hervorgeht, den 23. März 1875 durch den Dekan ein nachdrücklicher Verweis ertheilt und ihm zugleich erklärt wurde, dass jedes fernere Vorkommen ähnlicher Anstössigkeiten, wie der hier gerügten, seine unnachsichtliche Remotion zur Folge haben werde.

Indessen hat sich Dr. Dühring neuerdings wieder in öffentlichen Druckschriften mehrfache Aeusserungen erlaubt, in denen die unterzeichnete Fakultät nicht umhin kann, eine so grobe Nichtachtung der ihm ertheilten Warnung und eine so anstössige Verletzung der einem Universitätslehrer obliegenden Rücksichten zu sehen, dass sie sich verpflichtet glaubt, die auffälligsten derselben zu Ew. Excellenz Kenntniss zu bringen.

In seiner s. p. r. anliegenden Schrift: „der Weg zur höheren Berufsbildung der Frauen“ (Leipzig 1877) S. 37 bis 39 giebt Dr. Dühring von dem angeblichen Zustand der deutschen Universitäten, ohne jeden Versuch einer thatsächlichen Begründung, eine Schilderung, die eine schwere Verunglimpfung und Verläumdung des Standes der deutschen Universitätslehrer enthält. Die Professoren an den deutschen Universitäten werden im Allgemeinen, und ohne dass etwa diese Aussagen nur auf einen Theil derselben beschränkt würden, als „eine Art Kaste“ bezeichnet, die sich „durch Inzucht fortpflanze“, eine Gesellschaft, für welche bei ihren Anträgen auf Besetzung von Lehrstellen lediglich das Interesse des akademischen Monopols, des Nepotismus, der Kameraderie und der Patronage massgebend sei; und der Verfasser glaubt das Ausland noch besonders daran erinnern zu sollen, welche wichtige Rolle das Geldinteresse der Professoren dabei spiele. Ebenso werden die akademischen Docenten in ähnlicher Allgemeinheit als „universitäre Reptilien“ bezeichnet, welche durch die „elendeste Schmeichelei“ und das servilste „Stellenschleicherthum“ sich „mit einer mönchischen Verschlagenheit“ die Protektion der „jedesmaligen Professörchen“ zu verschaffen suchen. Der Verfasser bemüht sich mit Einem Wort, den Stand, dem er selbst angehört, und alle Mitglieder desselben der tiefsten moralischen Verachtung würdig erscheinen zu lassen, er schildert diesen Stand als so vollständig corrumpirt, so ausschliesslich von den gemeinsten Beweggründen beherrscht, alles Anstands und Gewissens so gänzlich entbehrend, dass weder über den verläumderischen Charakter dieses Angriffs noch über die beleidigende Absicht seines Urhebers der geringste Zweifel obwalten kann.

Aehnliche Ausfälle finden sich an verschiedenen Stellen der zweiten Auflage von Dr. Dühring's „Kritischer Geschichte der allgemeinen Principien der Mechanik“ (Leipzig 1877), welche dem gegenwärtigen Bericht gleichfalls s. p. r. beigelegt ist. So S. 549 unten, S. 526 unten, namentlich aber S. 445, wo der Verfasser meint: „Aerger und Neid des Professorenthums“ gegen die epochemachende Entdeckung eines sogenannten Dilettanten, sei „für den, welcher die Eigenheiten der Species genauer kennt, nichts Wunderbares, sondern etwas Selbstverständliches“. Sind diese Aeusserungen auch nicht so stark, wie die vorhin angeführten, so liefern sie doch einen weiteren Beweis dafür, dass die letzteren bei ihm nicht vereinzelt stehen, dass vielmehr die Verunglimpfung der Universitäts-Professoren, welche schon vor zwei Jahren eine von den Veranlassungen des ihm ertheilten Verweises bildete, bei ihm zur stehenden Gewohnheit geworden ist, und die damalige Verwarnung in dieser Beziehung nicht das Mindeste gefruchtet hat.

In der gleichen Schrift finden sich Angriffe auf Mitglieder der hiesigen philosophischen Fakultät, welche über die Grenzen einer anständigen wissenschaftlichen Polemik weit hinausgehend, um so ungebührlicher erscheinen, da Dr. Dühring (nach seiner Ankündigung im Vorlesungs-Verzeichniss für das Sommerhalbjahr 1877) diese Schrift einer von seinen beiden Gratisvorlesungen zu Grunde gelegt hat.

Wenn S. 529 derselben behauptet wird, die hiesige Universität habe „in ihrem ganzen bisherigen Dasein“ in ihren ordentlichen Professuren der Mathematik „keine Namen aufzuweisen gehabt, deren Klang jemals mehr als ein blosses Echo der Professur und des Einflusses derselben auf die Stellenbesetzung und sonstige Patronage gewesen wäre“, so liegt am Tage, dass damit auch die gegenwärtigen Vertreter der mathematischen Fächer innerhalb der philosophischen Fakultät als Leute dargestellt werden, die ihr Ansehen nur ihrer äusseren Stellung und dem Einfluss derselben auf die Universitäts-Patronage verdanken; und ebenso klar ist, dass sie durch diese Darstellung, falls dieselbe Glauben fände, in der öffentlichen Meinung, und insbesondre in der Meinung der Studirenden, denen der Verfasser in dem betreffenden Abschnitt seines Werks (S. 487 ff.) eine Anleitung zum Studium der mathematischen Wissenschaften geben will, herabgewürdigt, an ihrer wissenschaftlichen und persönlichen Ehre gekränkt, als Mitschuldige der angeblichen Universitäts-Patronage dargestellt und in ihrer Wirksamkeit als Universitätslehrer beeinträchtigt werden würden. Nur auf einen von diesen Männern kann es sich auch beziehen, wenn im Folgenden gesagt wird, die Verbindung der Steiner'schen Geometrie mit der Analysis habe „ein pfiffiges Mittel“ sein sollen, „das was man nicht hatte am Aufkommen verhindern können, nun dem eignen Monopol zu unterstellen“, wenn also diese Verbindung nicht etwa nur aus wissenschaftlichen Gesichtspunkten getadelt wird, sondern ihr auch unlautere und unehrenhafte Motive unterstellt werden.

Nicht minder gravirend erscheinen die Ausfälle, „zu deren Gegenstand Herr Professor Helmholtz in der ebengenannten Schrift gemacht wird. Nicht genug, dass Dr. Dühring diesen Gelehrten S. 550 durch eine an den Haaren herbeigezogene Vergleichung lächerlich zu machen sucht, und ihn S. 460 Anm. mit ausgesuchter Geringschätzung als einen „unklar ein wenig philosophelnden Physikprofessor“ bezeichnet, der „sich auch in diesem Fall die Gelegenheit nicht entgehen liess .... den pikanten Widersinn beifällig zu commentiren,“ (der also — muss der Leser schliessen — überhaupt einem Widersinn beizupflichten geneigt sei), wird auch S. 444 Anm. seine „triviale und fehlerhaft ausgefallene“ Abhandlung „Ueber die Erhaltung der Kraft“ unter die Versuche gerechnet, welche „der Aerger und Neid des Professorenthums“ gemacht habe, um die Verdienste Dr. Robert Mayer's todtzuschweigen; es wird also nicht allein über den Werth jener Abhandlung in den abschätzigsten Ausdrücken geurtheilt, sondern es wird ihr auch ein Motiv zugeschrieben, das auf den Charakter ihres Verfassers ein sehr ungünstiges Licht werfen würde. Auch in diesem Fall ist unverkennbar, dass in Dr. Dühring's Aeusserungen nicht ein wissenschaftlicher Angriff vorliegt, sondern eine persönliche Invektive, wie sie einem Universitätslehrer gegen einen andern, an der gleichen Anstalt mit ihm wirkenden — auch ganz abgesehen von der wissenschaftlichen und akademischen Stellung des einen und des andern — nicht gestattet werden kann.

Durch das abschriftlich anliegende Schreiben unseres d. z. Dekans wurde Dr. Dühring aufgefordert, sich wegen der im Obigen besprochenen Aeusserungen zu verantworten. In Folge davon reichte er bei der Fakultät die s. p. r. anliegende Schrift vom 27. v. M. ein. Dieses Schriftstück enthält jedoch nicht das Geringste, was zu seiner Rechtfertigung oder auch nur zu seiner Entschuldigung dienen könnte.

Dr. Dühring behauptet zunächst, eine Abschrift des ihm am 23. März 1875 ertheilten Verweises sei ihm verweigert worden, und er sei deshalb nicht im Stande zu beurtheilen, was für

Pflichten ihm damals eingeschärft worden seien. Allein wenn auch seine Frage, ob ihm von dem Verweis vom 23. März 1875 eine schriftliche Ausfertigung werde zugestellt werden, von dem damaligen Dekan verneint wurde (den Wunsch oder das Ansuchen um eine solche Ausfertigung hat er weder bei dem Dekan noch bei der Fakultät vorgebracht, sie konnte ihm daher auch nicht „verweigert" werden), so ist doch dieser Umstand ganz unerheblich, da es niemand glaublich finden wird, dass Dr. Dühring nicht im Stande gewesen sein sollte, den wesentlichen Inhalt einer ihm zu Protokoll ertheilten Verwarnung, von deren Beachtung sein ferneres Verbleiben an der Universität abhängig gemacht wurde, im Gedächtniss zu behalten, und da ohnedem die Pflicht, seine Collegen nicht zu schmähen und zu verläumden, für ihn, wie für jeden, sich auch vorher schon von selbst verstand.

Zur Rechtfertigung seiner Invektiven gegen den Stand der Deutschen Universitätslehrer weiss Dr. Dühring nur zu sagen: seine Erfahrungen haben ihm die Kritik der Deutschen Universitäts-Zustände aufgedrungen, und er habe dieselbe auf Grund bestimmter Thatsachen gegeben. Aber eine Mittheilung dieser angeblichen Thatsachen unterlässt er, und ebenso ignorirt er den Umstand gänzlich, dass es sich im vorliegenden Fall nicht um eine sachliche Kritik der Universitätszustände, sondern um Angriffe auf die Ehre und den Charakter der Deutschen Universitätslehrer handelt, von denen diese insgesammt und jeder einzelne von ihnen betroffen werden, und dass eine gelehrte Corporation ihrer eignen Würde wie ihren Verpflichtungen gegen andere zuwiderhandeln würde, wenn sie ihren Mitgliedern derartige Schmähungen der Collegen gestattete. Dieser Anklagepunkt ist daher durch das Dühring'sche Schriftstück in keiner Beziehung abgeschwächt oder beseitigt.

Von seinen Aeusserungen über die Lehrer der Mathematik an der hiesigen Universität behauptet Dr. Dühring (S. 3 oben), sie beziehen sich auf keine lebenden Mitglieder derselben; eine Ausflucht, deren Unwahrheit aus dem oben angeführten Wortlaut wie aus dem Zusammenhang der betreffenden Stelle augenscheinlich hervorgeht.

Was endlich seine Angriffe auf Herrn Professor Helmholtz

betrifft, so will Dr. Dühring bei denselben zwar gleichfalls nur eine „wissenschaftliche“ Kritik geübt, nur „ein geringes Maass wissenschaftlicher Freiheit“ „mit viel Zurückhaltung bethätigt“ haben. Wie es sich jedoch in Wahrheit verhält, ergiebt sich theils aus dem oben Angeführten, theils aus dem, was Dr. Dühring selbst S. 1 f. seiner Schrift für sich geltend macht, dass sein Verhalten gegen Herrn Helmholtz durch diesen selbst provocirt worden sei, indem er Dr. Dühring's Entfernung vom Victoria-Lyceum betrieben und sich bei einer für denselben ehrenrührigen Zeitungs-Annonce betheiligt habe. Denn so wenig auch Dr. Dühring irgend einen Beweis dafür erbracht oder auch nur versucht hat, dass ihm in seinem Verhältniss zum Victoria-Lyceum ein Unrecht zugefügt wurde und dass dieses auf Antrieb oder unter Betheiligung des Herrn Helmholtz geschah, so klar geht doch aus seinem Rechtfertigungs-Versuch hervor, dass er durch seine Aeusserungen über Herrn Professor Helmholtz gegen ein ihm von diesem vermeintlich angethanes Unrecht Retorsion üben wollte, dass mithin diese Aeusserungen nicht blos im Interesse einer wissenschaftlichen Kritik, sondern in der Absicht persönlich zu verletzen, gethan wurden.

Aus den vorstehenden Erörterungen ergiebt sich, dass Dr. Dühring trotz der ihm vor zwei Jahren in Ew. Excellenz Auftrag ertheilten Rüge und Verwarnung sich wiederholt sowohl gegen den ganzen Stand der Deutschen Universitätslehrer als gegen einzelne Mitglieder der hiesigen philosophischen Fakultät schwerer Ehrenkränkungen schuldig gemacht und dadurch die jedem Universitätslehrer obliegenden Pflichten gröblich verletzt hat.

So schwer sich daher die unterzeichnete Fakultät dazu entschliesst, die Entziehung der von ihr selbst gewährten Lehrberechtigung zu veranlassen, und so geneigt sie im Allgemeinen ist und sich gerade dem Dr. Dühring gegenüber früher erwiesen hat, in Fällen eines nicht zu billigenden Verhaltens eines Privatdocenten jede irgend statthafte Nachsicht zu üben, so wenig sie es endlich gerechtfertigt fände, einen Docenten wegen der von ihm ausgesprochenen wissenschaftlichen Ansichten zu removiren, so sieht sie sich doch im Hinblick auf ihre Verpflichtung gegen die akademische Jugend und auf die Ehre des akademischen Lehrstandes in die Unmöglichkeit versetzt, zu diesen fortgesetzten Verletzungen der Pflicht und des Anstandes zu schweigen, und beantragt demgemäss auf Grund des §. 52 ihrer Statuten:

Ew. Excellenz wollen nunmehr die dem Dr. Dühring durch den hohen Erlass vom 15. März 1875 für diesen Fall angedrohte Maassregel eintreten lassen und demselben die Erlaubniss, an der hiesigen Universität Vorlesungen zu halten, entziehen.

Mit Rücksicht auf den bevorstehenden Abschluss des Lektionskatalogs für das kommende Semester ersucht die Fakultät Ew. Excellenz die Entscheidung dieser Sache thunlichst zu beschleunigen.

Schliesslich wird auf den Wunsch des Prof. Dr. Wagner bemerkt, dass derselbe an den Abstimmungen der Fakultät über die vorliegende Angelegenheit keinen Antheil genommen hat.

Dekan und Professoren der philosophischen Fakultät hiesiger Königl. Friedrich-Wilhelms-Universität.

(gez.) Tobler. Nitzsch.

An
Se. Excellenz den
Herrn Staatsminister
Dr. Falk.

V.

Berlin, den 15. Juni 1877.

Ew. Excellenz beehrt sich der gehorsamst unterzeichnete Dekan im Namen der philosophischen Fakultät hiesiger Universität s. p. r. eine Eingabe des Herrn Geheimen Raths Professor Dr. Helmholtz nebst einem Exemplare der Druckschrift, auf welche darin Bezug genommen ist, zu geneigter Kenntnissnahme vorzulegen, da diese Eingabe geeignet ist auf die Handlungsweise des Privatdocenten Dr. Dühring, mit welcher sich der an Ew. Excellenz gerichtete Fakultätsbericht vom 8. Juni cr. beschäftigt, weiteres Licht zu werfen.

Im Auftrage der philosophischen Fakultät an hiesiger Königlicher Friedrich-Wilhelms-Universität

(gez.) Tobler.

An
den Königlichen Staatsminister und
Minister der geistlichen, Unterrichts- und
Medicinal-Angelegenheiten
Herrn Dr. Falk
Excellenz
hierselbst.

VI.

An
die philosophische Fakultät der Universität Berlin.

In seiner in der letzten Fakultätssitzung vorgelegten Vertheidigungsschrift behauptet Herr Dr. Dühring, das Motiv zu der Verfolgung, der er angeblicher Weise von meiner Seite ausgesetzt gewesen sei, habe darin gelegen, dass er in seiner Geschichte der Mechanik die Ansprüche von Herrn Dr. Robert Mayer zu Heilbronn auf die Entdeckung des Gesetzes von der Erhaltung der Kraft nachgewiesen habe, und dass ich selbst mich dadurch einer angemaassten wissenschaftlichen Bedeutung entkleidet gesehen hätte. Bei der Zuversichtlichkeit, mit welcher Herr Dr. Dühring die von ihm gemachten Hypothesen als Thatsachen hinzustellen pflegt, könnte vielleicht bei einigen der Fakultätsgenossen oder bei Mitgliedern des vorgesetzten Ministeriums, denen diese Vertheidigungsschrift vorgelegt wird, der Eindruck hängen bleiben, als sei von meiner Seite irgend eine Art unloyaler Behandlung der wissenschaftlichen Prioritätsrechte des Herrn Dr. R. Mayer versucht worden. Ich ersuche deshalb die Fakultät Kenntniss zu nehmen von denjenigen Stellen meiner Veröffentlichungen, welche zeigen, dass ich Herrn Dr. R. Mayer seit 1854, also etwa 20 Jahre vor Herrn Dr. Dühring's Geschichte der Mechanik, wiederholt als denjenigen bezeichnet habe, der das genannte Gesetz zuerst allgemeingiltig und richtig ausgesprochen habe, ohne irgend eine Bemängelung hinzuzufügen. Zur Zeit der Veröffentlichung meiner ersten Schrift „Ueber die Erhaltung der Kraft“ 1847 habe ich allerdings die 1842 und 1845 erschienenen ersten Schriften von Dr. R. Mayer noch nicht gekannt. Diese waren damals noch sehr wenig verbreitet, und ich selbst als Militärarzt in Potsdam fungirend, nicht in der Lage ausgedehnte Litteraturstudien zu machen.

Die folgenden Stellen citire ich aus meinen „Populären wissenschaftlichen Vorträgen, Heft II 1871“, von welchem ich ein Exemplar als Beleg s. v. remiss. beilege.

1. Aus einer Vorlesung gehalten im Jahre 1854. S. 112.
„Der Erste, welcher das allgemeine Naturgesetz, um welches es sich hier handelt, richtig auffasste und aussprach, war ein deutscher Arzt, J. R. Mayer in Heilbronn im Jahre 1842."
2. Aus dem Winter 1862/63 S. 141.
„Die Möglichkeit seiner allgemeinsten Gültigkeit sprach zuerst ein schwäbischer Arzt Dr. Julius Robert Mayer (gegenwärtig in Heilbronn lebend) im Jahre 1842 aus."
3. Auf der Naturforscherversammlung 1869. S. 194.
„Aber als der, welcher zuerst den Begriff dieses Gesetzes rein und klar erfasst und seine absolute Allgemeingiltigkeit auszusprechen gewagt hat, ist derjenige zu nennen, den wir nachher von dieser Stelle zu hören die Freude haben werden, Dr. Robert Mayer von Heilbronn."

Ich füge hinzu, dass ebenso vollständige Anerkennung von Herrn Dr. Mayer's Leistungen in dem unter meiner und Herrn G. Wiedemann's Leitung und Namen herausgegebenen Werke von Tyndall „die Wärme eine Form der Bewegung" vorkommt.

Ich ersuche die Fakultät, dieses Schreiben nebst Beilage als Nachtrag zu den Acten der Dühring'schen Angelegenheit dem vorgesetzten Königlichen Ministerium mit übersenden zu wollen.

(gez.) Dr. H. Helmholtz.

Hiezu nachträglich noch folgende Erklärung:

Berlin, den 12. Juli 1877.

Geehrter Herr Dekan,

da die Veröffentlichung der Aktenstücke in der Angelegenheit des Herrn Dr. Dühring beschlossen worden ist, so bitte ich um die Erlaubniss, meine der Fakultät mündlich gegebene Versicherung hier schriftlich wiederholen zu dürfen, dass weder ich selbst noch meine Frau irgend welchen auch nur entferntesten Einfluss auf das Aufhören der Kurse des genannten Herrn im Victoria-

Lyceum auszuüben versucht oder ausgeübt haben, und bitte ich, diese meine Erklärung unter die abzudruckenden Aktenstücke mit aufnehmen zu wollen.

(gez.) Dr. H. Helmholtz.

Dem Dekane der philosophischen Fakultät
Herrn Professor Dr. Tobler
hier.

VII.

Berlin, den 7. Juli 1877.

Ministerium
der geistlichen, Unterrichts- und
Medicinal-Angelegenheiten.
J. No. 2202.

Auf die Berichte der philosophischen Fakultät vom 8. und 15. v. M. habe ich mich entschlossen, dem Privatdocenten Dr. Dühring die Eigenschaft eines Privatdocenten bei derselben zu entziehen. Der Fakultät lasse ich beifolgend die Ausfertigung meines bezüglichen Erlasses an den p. Dühring nebst einer für ihre Akten bestimmten Abschrift desselben mit dem Auftrage zugehen, ihm die erstere gegen Empfangsbescheinigung sofort behändigen zu lassen. Einer gefälligen baldigen Anzeige hierüber sehe ich entgegen.

Es ist dem p. Dühring nicht zu gestatten, nach Insinuation des Erlasses noch eine Vorlesung zu halten oder im Auditorium sich von seinen Zuhörern zu verabschieden.

Den letztern ist die Abmeldungsbescheinigung in ihren Anmeldebüchern von dem Herrn Dekan auszustellen.

Die Bücher, welche den Berichten vom 8. und 15. v. M. beigefügt sind, habe ich einstweilen noch zurückbehalten.

(gez.) Falk.

An
die philosophische Fakultät der Königlichen Friedrich-Wilhelms-Universität
hierselbst.

VIII.

Berlin, den 7. Juli 1877.

Ministerium
der geistlichen, Unterrichts- und
Medicinal-Angelegenheiten.
J. No. 2202. B.

Die philosophische Fakultät der hiesigen Königlichen Friedrich-Wilhelms-Universität hat auf Grund des § 52 ihrer Statuten, lautend:

„. . . Die Fakultät ist befugt, einem Privatdocenten bei leichteren Anstössigkeiten durch den Dekan Verwarnung oder Verweis zu ertheilen und bei wiederholten oder gröberen Verstössen eines Privatdocenten auf seine gänzliche Remotion bei dem Ministerium anzutragen“

bei mir beantragt, die Ihnen bereits im Jahre 1875 angedrohte Maassregel eintreten zu lassen und Ihnen die Erlaubniss, an der hiesigen Universität Vorlesungen zu halten, zu entziehen. Die Vertheidigungsschrift vom 27. Mai d. J., welche Sie der Fakultät auf deren Aufforderung eingereicht haben, liegt mir vor.

Nach eingehender Prüfung der Sachlage sehe ich mich genöthigt, dem Antrage der Fakultät stattzugeben.

Im Jahre 1875 habe ich mit Rücksicht auf die besondere Lage des Falls, welcher damals ein disciplinarisches Einschreiten gegen Sie veranlasste, von Ihrer Remotion abgesehen und mich mit dem Auftrage an die philosophische Fakultät begnügt, Ihnen wegen des groben Verstosses, welchen Sie Sich durch den gehässigen und beleidigenden Charakter Ihrer Polemik gegen einen Professor der hiesigen Universität in Ihrer „kritischen Geschichte der Nationalökonomie und des Socialismus“, noch mehr aber durch eine Erklärung in der Berliner Börsenzeitung vom 15. Dezember 1874 hatten zu Schulden kommen lassen, durch den Dekan einen strengen Verweis unter Androhung unnachsichtlicher Remotion im Wiederholungsfall zu ertheilen.

Nach dem von Ihnen unterzeichneten Protokoll vom 23. März 1875 hat der damalige Dekan der philosophischen Fakultät Ihnen diesen Verweis unter Hervorhebung der oben bezeichneten Gründe ertheilt, dabei die Erwartung ausgesprochen, dass Sie fortan Ihr

Talent ungetheilt dem Dienste der Wissenschaft und des akademischen Lehrberufs widmen würden, statt es zur Verunglimpfung Ihrer Kollegen und der Anstalt, an der Sie wirken, zu missbrauchen, und zugleich Ihnen erklärt, dass jedes fernere Vorkommen ähnlicher Anstössigkeiten Ihre unnachsichtliche Remotion zur Folge haben werde.

In der mir jetzt von der Fakultät vorgelegten „Kritischen Geschichte der allgemeinen Principien der Mechanik", 2. Auflage, Leipzig 1877, finden sich als Zuthaten der neuen Auflage schmähende Aeusserungen gegen die Vertreter der Mathematik an der hiesigen Universität, welche gerade auch auf die gegenwärtigen Professoren des Fachs bezogen werden müssen und gegen Professor Dr. Helmholtz. Eine Stelle soll sogar, wie zum Ueberfluss durch Ihre Vertheidigungsschrift bestätigt wird, gegen Professor Helmholtz, in dessen Publikationen die offenste und unumwundenste Anerkennung der Verdienste des Dr. Robert Mayer wiederholt ausgesprochen ist, den schweren Verdacht erregen, dass er sich dieselben anzueignen versucht habe. Eine Entschuldigung für diese Verunglimpfung suchen Sie in Ihrer Vertheidigungsschrift befremdlicher Weise in Kränkungen, die Ihnen seitens des Angegriffenen durch seine Frau angeblich widerfahren sind.

In der zweiten mir von der Fakultät vorgelegten Schrift:

„Der Weg zur höhern Berufsbildung der Frauen und die Lehrweise der Universitäten", Leipzig 1877.

haben Sie Sich nicht mehr darauf beschränkt, einzelne Personen zu beleidigen, sondern Sich bemüht, die deutschen Universitäten überhaupt vor der Oeffentlichkeit in den Schmutz zu ziehen. Die Aeusserungen, welche sich in dieser Schrift finden, tragen einen solchen Charakter, dass ich es unterlassen darf, neben ihnen auf jene Schmähungen einzelner Mitglieder der hiesigen Universität specieller einzugehen.

Der fünfte Abschnitt dieser Schrift ist ganz der verächtlichsten Kritik der Universitäten und der Universitätslehrer gewidmet und zwar der Privatdocenten nicht weniger als der Professoren. Sie behaupten allerdings in Ihrer Vertheidigungsschrift auf Erfahrungen zu fussen und in dem Nachweise der Schäden des Universitätswesens „noch immer zurückhaltend" verfahren zu sein.

VIII.

Ich kann mich demgegenüber hier damit begnügen die nachstehenden Stellen wörtlich anzuführen:

S. 37 ff. „Das Zunftgerüst und seine Wirkungen können auch an den heutigen deutschen Universitäten zur Genüge in Augenschein genommen werden. Die ausschliessende Körperschaft cooptirt nach persönlichem Belieben; denn die Staatsgenehmigung ist fast nur formell. Ein Fachprofessor entscheidet darüber, wen er zum Collegen haben will, und sieht sich natürlich nach einem möglichst gefälligen und zahmen Concurrenten oder vielmehr Nichtconcurrenten um. Wo er sich nicht geradezu Nullitäten besorgen kann, weil seine Fachcollegen auf andern Universitäten mit ihm im vetterschaftlichen Cartell stehen und auch ihre Leute untergebracht sehen wollen, arrangirt man sich nach dem Princip der Gegenseitigkeit und theilt innerhalb der Kameraderie das Monopol nach jedesmaliger Convenienz. Ausnahmsweise greift allerdings auch die Bureaukratie ein, und da ihr Nepotismus weder an sich selbst so schlimm wie der zünftlerische und überdies weniger unmittelbar in die gelehrte Sphäre hineinverzweigt ist, so geschieht es auch wohl, dass ein einflussloserer Fachprofessor gute Miene zu dem für ihn bösen Spiel machen und sich die Hinsetzung einer sogenannten Grösse als nachbarlichen Concurrenten oder vielmehr Hauptmonopolisten gefallen lassen muss. Selten wird es aber geschehen, dass derartige Grössen und Hauptprofessoren selbst nicht in der Lage wären, jeder an seiner Universität möglichst allein zu horsten und so in den Hauptzunftörtern in gehöriger Distanz von einander ihre gelehrten Zwangs- und Bannrechte über das Studentenpublicum auszuüben. Das Ausland sei noch besonders daran erinnert, dass die bei uns von den Studenten bezahlten Vorlesungsgelder eine ansehnliche Privateinnahme der einzelnen Professoren bilden, und dass diese letzteren daher eine sehr starke ökonomische Ursache haben, die formell freie Auswahl ihrer Vorlesungen seitens der Studirenden nie einer missliebigen, wenn auch noch so beschränkten Concurrenz anheimfallen zu lassen, so dass ein volles oder aber nach stillschweigendem Einverständniss und collegialischer Anstandsordnung getheiltes Monopol das Ideal der Ausbeutung des gelehrten Handwerks bildet.

Der Professorenstand ist eine Art Kaste, die sich vornehmlich durch Inzucht fortpflanzt. Schwiegervater und Schwiegersohn sitzen innerhalb derselben Facultät und fungiren innerhalb derselben Commission als Examinatoren. In die Professuren heirathet man sich ein, wie früher in die Handwerksgilden. Ich brauche hier allerdings noch nicht so „scharf und schneidig" zu werden, den von mir angelegten persönlichen Catalog dieser Art zu veröffentlichen; auch ausserhalb der Universitäten weiss man ja in vielen Kreisen bereits hinlänglich, dass die Vetterei dadrinnen eine ganz bedeutende Rolle spielt, und dass wissenschaftliche Verdienste nicht etwa blos die gleichgültigste Nebensache, sondern, wo sie nicht mit der persönlichen Patronage zusammentreffen, ein Hinderniss des Fortkommens und ein Grund der Fernhaltung oder gar Aechtung sind. Aber die Art, wie dieses nepotische System, welches da, wo es einmal über die Bluts- und Gildenverwandtschaft hinausreicht, auf persönlicher Affiliation beruht, mehr und mehr corrumpirend auf den Nachwuchs einwirkt, muss hier doch in Erinnerung gebracht werden. Ein Candidat des Docententhums sieht sich zunächst danach um, wo er durch Unterthänigkeit und in Aussichtstellung guter Dienste die specielle Patronage eines Fachprofessors erwerben und sich so dessen Stimme für die Zulassung und für künftige Beförderung gewinnen möge. Die Gewitztesten beginnen diese persönlichen Manipulationen schon während der Studienjahre, zumal wenn sie unmittelbar aus der Kaste selbst stammen oder wenigstens ihren Künsten nähergetreten und von erfahrenen Routiniers schon einigermaassen eingeweiht sind. Die elendeste Schmeichelei ist das Pflaster, mit dem der Weg festgemacht wird, und die grüne Unreife mit ihrer Urtheilslosigkeit hilft ein wenig nach, wo sich sonst vielleicht gelegentlich doch das Gewissen regen und den beschränkten Cultus bei den jedesmaligen Professörchen, der mit der Verlästerung oder wenigstens Verleugnung des Bessern verbunden werden muss, als eine zu arge Schmach empfinden lassen würde. Indessen sind die universitären Reptilien mit ihrem Stellenschleicherthum meist schon durch die umgebenden Lebensbedingungen hinreichend in ihrem Artcharakter ausgeprägt, um mit einer mönchischen Verschlagenheit auch hinreichende Erhabenheit über wissenschaftliche Heuchelei zu verbinden und ihre servile Anpassungsrolle so abzuspielen, dass nicht bei ihnen eine moralische Gegenregung, wohl aber bei Andern, diesem gesinnungslosen Treiben Fremdgebliebenen und nur von draussen Hineinblickenden, trotz der Entfernung, um auch einmal classisch zu reden, der Speichel rege gemacht wird.

Wenden wir uns von diesem ekelhaften Treiben der Personen zu dem sachlichen Boden, auf dem es sich ergeht. An gelehrtem Gemüll fehlt es dort natürlich nicht, und die Abfälle aus dem Mittelalter bilden die Hauptverzierung, durch welche sich universitäre Gelehrsamkeit vor moderner und naturgemäss gestalteter Wissenschaft auszeichnet.“

Seite 47: „Das Kramen in Citaten antiker Schriftsteller ist das Merkmal der falschen Autoritätsmanier und hat auf den Universitäten die Lehre der meisten Wissenschaften nicht nur mit Geschmacklosigkeiten durchwebt, sondern auch in der ganzen Haltung und Methode verdorben. Alte Musterbücher und so zu sagen Bibeln sowie überhaupt persönliche Meinungen und literarische Urkunden werden fälschlich als letzte Quellen oder als letzte Gegenstände des Wissens angesehen. Der stupide Personencultus spielt dabei eine Hauptrolle und die Wortgelehrten haben nicht einmal in ihrem eigenen Gebiet eine Ahnung von freier und unmittelbarer Sachwissenschaft. Selbst Mathematik und Naturwissenschaft sind hiervon angesteckt und zeigen die

Spuren einer Ablenkung zum scholastischen Verfall, der allerdings auch zugleich auf die Wirkungen der Zunftcorruption und der servilen Personenauswahl zu verrechnen ist. Eine Universitätsvorlesung, die sich ein Semester hindurchschleppt, trägt meist das Gepräge jener Autoritätsmanier. Sie ist der späte Nachkömmling jenes mittelalterlichen Ersatzes der Bücher durch dictirendes Uebermitteln eines wohlzusammengestoppelten Professorheftes. Sie benimmt sich heute noch so, als wenn es keinen Buchdruck gäbe, und als wenn die Weisheit der Kathederpfründner ein Geheimniss wäre, das nur im vertraulichen engern Kreise offenbart würde. In Wahrheit bleiben aber die Hefte gewaltig hinter den Grundwerken der Wissenschaft zurück. Der gemeine Professor hält sich stets unterhalb des Niveaus seiner Wissenschaft; denn er käut nur wieder, was ihm schon mannichfaltig vorgekaut und von seinem einstigen Hauptprofessor übergeben worden ist. Dieser selbst aber hat Mühe und Noth gehabt, etwas zusammenzudrechseln, worin wenigstens die an der Oberfläche greifbarsten Ansichten wirklicher Grössen und Grundwerke der vorangehenden Generation oder des abgelaufenen Jahrhunderts registratormässig angeführt wären. Er ist damit freilich auch meist im Rückstande, und in der Gegenwart versagt sein Urtheil ganz; denn es beruht auf demjenigen anderer Leute, die für ihn schon entschieden haben müssen. Das Verfahren eines auf dem Wege zur Docentur Begriffenen macht die Art kenntlich, wie die Vorlesungshefte entstehen. So ein Candidat pflegt, nachdem er die drei oder vier Jahre Studien hinter sich hat, noch ein paar Jahre auf verschiedenen Universitäten herumzuhausiren. Dort sieht er zu, wo er etwas abgucken und in sein Stammheft, welches er einst vorzulesen gedenkt, buchstäblich zusammentragen könne. Das Heft seines Hauptprofessors bildet den Rahmen, falls nicht irgend ein anderes Renommee tributpflichtig gemacht werden kann, wobei auch die nichtofficiösen Vortragenden, die allerdings eine seltene Ausnahme bilden, mit der verstohlenen Anwesenheit solcher candidirenden Freibeuter heimgesucht werden. Uebrigens hält sich der Candidat zu seinem Patron und verleugnet öffentlich Alles, was diesem und seiner Clique nicht genehm sein würde. Die gekennzeichnete Heftmache aber ist darum nothwendig, weil es dem angehenden Docentenvolk selbstverständlich noch weit mehr als seinen bejahrteren Protectoren an der Fähigkeit fehlt, die Wissenschaft in freier Initiative selbstständig zu formuliren oder doch wenigstens in Gemässheit der letzten Grundwerke und aus den bedeutendsten unmittelbaren Quellen zu redigiren."

Die wissenschaftliche Freiheit, welche Sie mit Recht auch für den Privatdocenten in Anspruch nehmen, und welche ich nicht geneigt sein würde, Ihnen zu verkümmern, hat mit derartigen Aeusserungen nichts zu thun. In ihrem Inhalt alles Maass übersteigend, verrathen sie in ihrer Form nicht sowohl den ernsten Wunsch, durch Aufdeckung angeblich bestehender Missstände des Universitätslebens dessen Hebung zu befördern, als vielmehr die Absicht, die Universitäten als Sitze der Corruption und Verkommenheit der allgemeinen Verachtung preiszugeben.

Das Vertrauen, welches wie das Lehramt des angestellten Professors, so auch die dem Privatdocenten gewährte Erlaubniss an der Universität zu lehren erfordert, kann einem Manne nicht ferner geschenkt werden, welcher sich öffentlich in solcher Weise über die Gesammtheit derer ausspricht, mit welchen er zusammenzuwirken haben würde.

Aus diesen Gründen entziehe ich Ihnen hiermit in Genehmigung des Antrags der hiesigen philosophischen Fakultät die Eigenschaft eines Privatdocenten bei derselben.

Von Empfang dieses Erlasses an haben Sie Ihre Lehrthätigkeit bei der hiesigen Universität einzustellen.

(gez.) Falk.

An
den Privatdocenten in der philosophischen Fakultät
der Königlichen Friedrich-Wilhelms-Universität
Herrn Dr. Dühring
Wohlgeboren
hier.

FSC
www.fsc.org
MIX
Papier | Fördert
gute Waldnutzung
FSC® C083411

Kolibri 360 GmbH
Ferdinand-Jühlke-Straße 7
99095 Erfurt, Deutschland
produktsicherheit@kolibri360.de